小牛顿科学馆

全新升级版

火药和炸药

HUOYAO HE ZHAYAO

台湾牛顿出版股份有限公司 编著

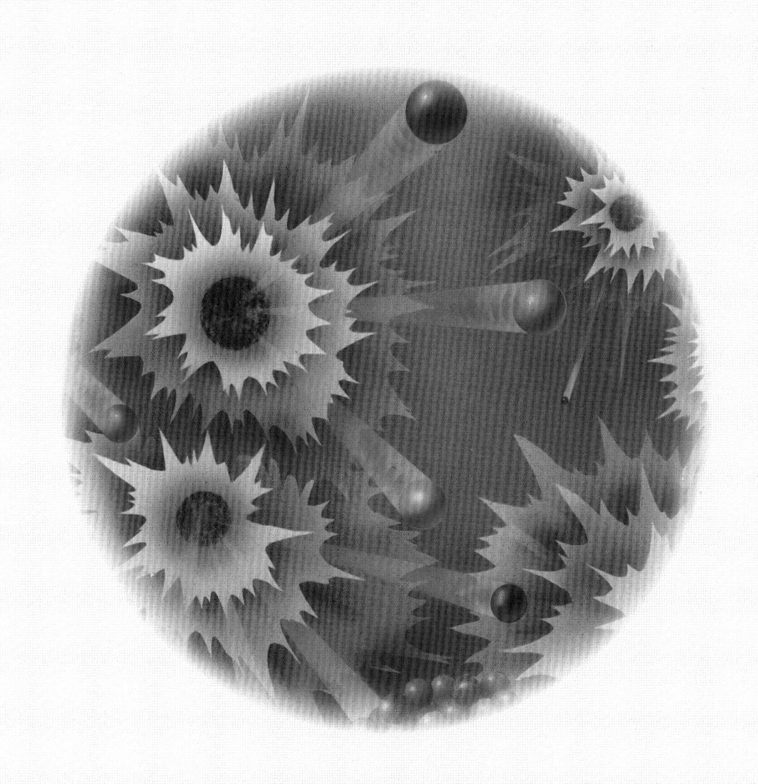

桂图登字：20-2016-224

图书在版编目（CIP）数据

火药和炸药／台湾牛顿出版股份有限公司编著．—南宁：接力出版社，2017.7（2024.1重印）
（小牛顿科学馆：全新升级版）
ISBN 978-7-5448-4927-2

Ⅰ.①火…　Ⅱ.①台…　Ⅲ.①火药－儿童读物②炸药－儿童读物　Ⅳ.①TJ41-49②TJ5-49

中国版本图书馆CIP数据核字（2017）第145938号

责任编辑：程　蕾　　郝　娜　　美术编辑：马　丽
责任校对：刘哲斐　　责任监印：刘宝琪　　版权联络：金贤玲
社长：黄　俭　　总编辑：白　冰
出版发行：接力出版社　　社址：广西南宁市园湖南路9号　　邮编：530022
电话：010-65546561（发行部）　　传真：010-65545210（发行部）
网址：http://www.jielibj.com　　电子邮箱：jieli@jielibook.com
经销：新华书店　　印制：北京瑞禾彩色印刷有限公司
开本：889毫米×1194毫米　1/16　　印张：4　　字数：70千字
版次：2017年7月第1版　　印次：2024年1月第11次印刷
印数：69 001—76 000册　　定价：30.00元

本书地图系原书插附地图
审图号：GS（2023）2431号

写给小科学迷

我们的祖先在研制长生不老药时，无意中发明了火药，一开始用来治病，但由于火药的燃烧速度快、爆炸威力强，渐渐地就被拿来当作武器使用。在西方，化学家诺贝尔为了吓阻各国使用火药当武器，发明了爆炸威力更强的炸药，希望各国在了解炸药可能引起重大伤亡后，停止用炸药作为武器，没想到世界各国反而利用炸药大肆发动战争。其实，炸药也有许多和平的用途，仔细阅读本书后，就可以知道哟！

火药和炸药

凡是逢年过节、娶亲嫁女，或是商店开张时，中国人总喜欢放鞭炮，表示庆贺。不过，小朋友对爆竹家族里的冲天炮可能更熟悉，但是，你知道它们是用什么做成的吗？

鞭炮和冲天炮都是用火药制成的。大家都知道火药是我国古代的四大发明之一，中国人早在1300多年前就已经学会使用火药了！

火药源自炼丹术

其实我们的祖先也是在无意中发明了火药。在古代，有些人一直想寻找长生不老的方法，一批批道士努力研究，希望能研制出长生不老的仙丹。道士们拿各种不同的物质来试验，结果发现把硫黄、木炭和硝石这三种东西的粉末混在一起时很容易燃烧，而且烧得非常剧烈。

硫黄和木炭粉末燃烧的速度很快，而硝石遇热会放出大量的氧气，提供给硫黄和木炭燃烧使用，因此这 3 种东西成了火药的主要成分。

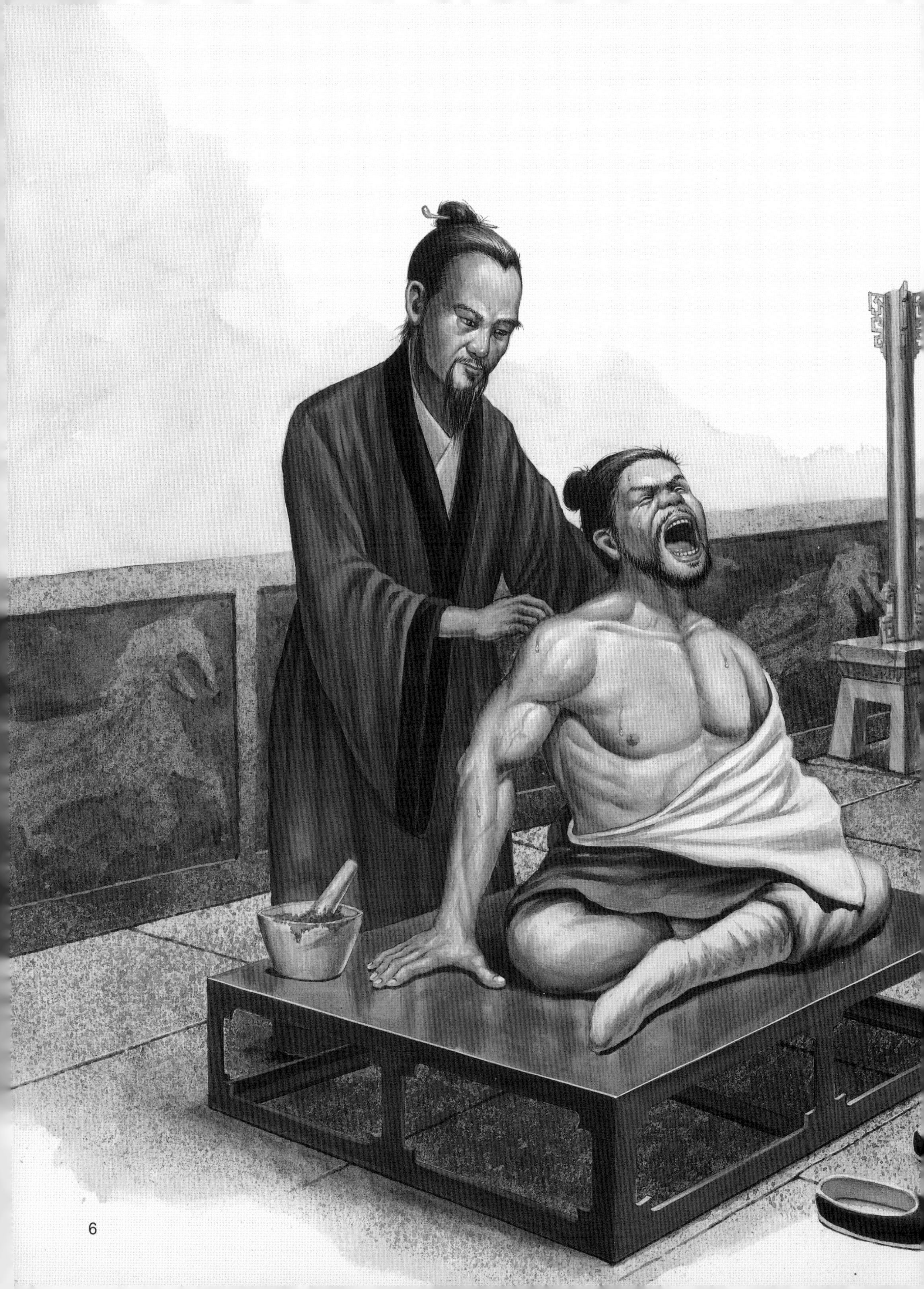

火药也能治病

火药既然称为“药”，是不是也有药效呢？确实有古人拿火药来治病。翻开中国古代药物学名著——《本草纲目》，里面就提到火药可以用来杀虫、避湿气、除瘟疫，还可以治疗疮癣呢！

火药中的硫黄，可用于治疗皮肤病。一直到今天，有些治疗皮肤病的药品中，仍然有硫黄成分。

扬威战场的古代武器

火药发明以前，古人打仗时就已经使用一种叫“火箭”的武器了，就是在箭头上覆裹油脂、硫黄之类容易燃烧的物质，点燃以后射出去攻击敌人，引燃他们的房舍。由于火药燃烧的速度快，火力又大，因此火箭便被改良成火药箭，从此火药便被广泛应用在战争上，各种火药武器，如霹雳炮、震天雷、突火枪等都纷纷出现了。

宋朝的官兵还曾用火药武器来抵抗元兵。中国人虽然很早就发明了火药和火药武器，但技术上后来一直没有太大的进步，欧洲国家学到了这些技术以后，让火药的应用更加广泛。

“火龙出水”是中国明代发明的火器，也是最早出现的两段式火箭。它的尾部绑着4个火药筒，火药筒燃烧时，会产生喷射气体，利用喷射气体的反作用力，把龙形筒射出去。当4个火药筒燃烧完后，会引燃龙腹内的火箭，让火箭继续射向敌方。

火龙出水

什么是爆炸？

古代道士们发现，把火药裹在纸、布中，或是塞在陶罐、石孔里，燃烧时就会产生爆炸的效果。简单地说，物质在发生变化时，迅速地释放出大量能量，并产生大量气体的现象就称为爆炸。

闪电属于电流爆炸。我们知道，电流通过物质时会产生热，但如果电流太强，温度会上升得很快，而且物质会在瞬间膨胀并爆炸。在自然界中最常见的电流爆炸，就是闪电，插拔电器插头时所产生的火花，也是一种电流爆炸。

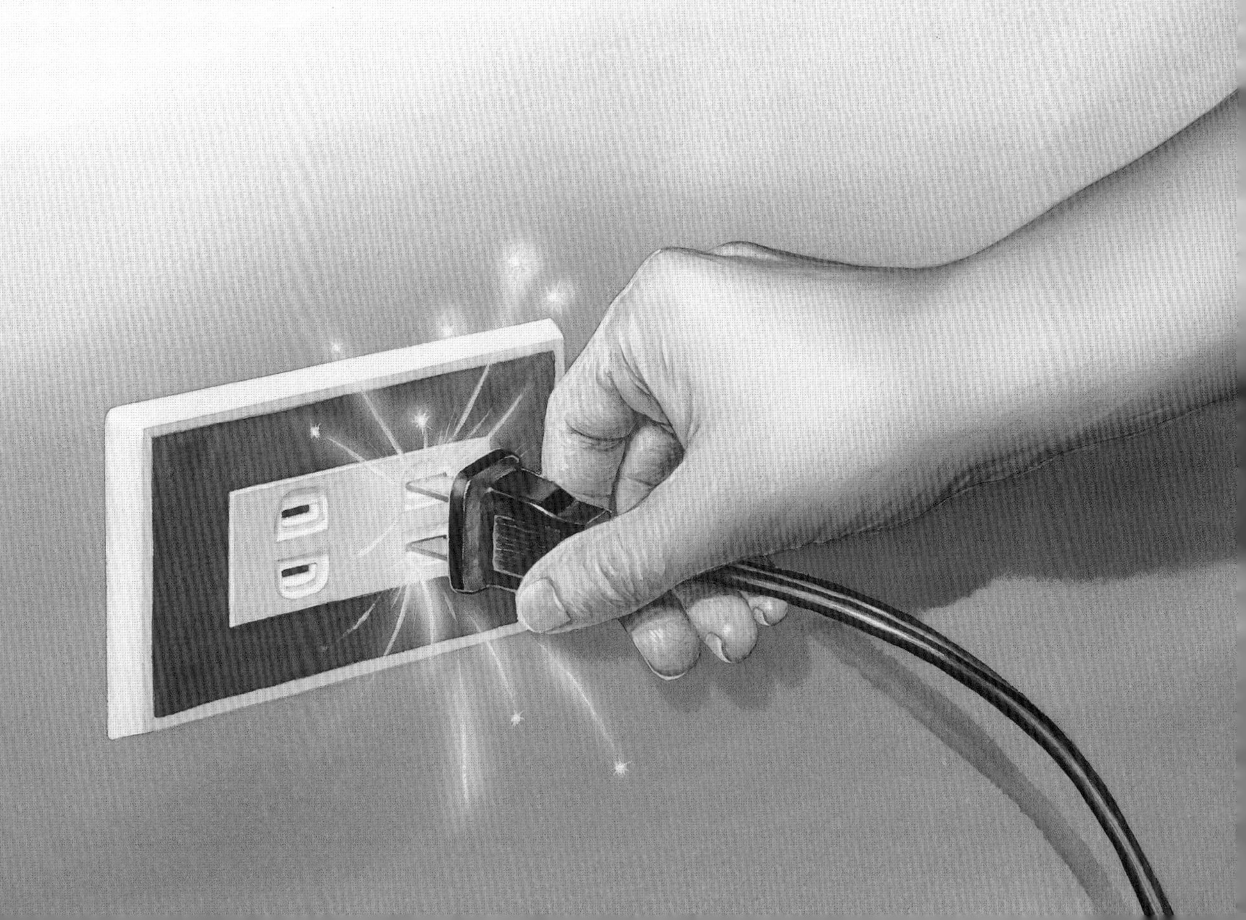

某些能量密度相当大的光，如激光，照射在某些金属表面时，光能会转变成热能，也会引起爆炸。

另外，宇宙中的陨石掠过地球的大气层时，受到空气的摩擦阻力而产生高热，但是，产生的热并不均衡，结果也会产生爆炸。这种因物体受到急速而不均衡的加热所引起的爆炸，就叫“摩擦爆炸”。

压力释放爆炸

我们常说一个人受到太大的压力，情绪无法宣泄时，总有一天这个人会“爆炸”，这只是夸张的说法，但生活中确实有因气体过度压缩造成爆炸的现象。

当气体或蒸汽经高度压缩之后，一旦容器破裂，这些气体或蒸汽便会急速地往外蹿，造成爆炸，这种形式的爆炸称为“压力释放爆炸”。工厂内的蒸汽锅炉爆炸、火山爆发一般都属于这一类。

致命的核爆炸

科学家研究发现，某些元素如铀（yóu）、钚（bù）等在原子核裂变反应时，会释放出大量能量，以这种原理制造出的武器通常称为原子弹。而有些元素如氘（dāo）、氚（chuān）等，在原子核聚合时也会放出大量能量，这类反应称为聚变反应。

核爆炸的威力可是十分惊人的！1945 年 8 月 6 日和 9 日，美军在日本广岛和长崎分别投下一颗原子弹，把这两个地方炸得死伤无数，损失的财产不计其数。除了威力惊人外，原子弹爆炸时还会产生放射性元素，这些元素会对人体造成极大的伤害，甚至连下一代也不能幸免！

放射性元素的原子核受到撞击后会分裂，并释放出中子。这些中子再撞击其他的原子核，使其分裂，这一连串的过程称为“核裂变”。由于会释放大量热能，因此被视为一项重要的能量来源。

不断改进中的火药

最早的火药是由硝石、硫黄和木炭粉末混合而成的，由于颜色很黑，所以又叫“黑色火药”或“黑火药”。自13世纪火药传入英国后，欧洲各国的科学家纷纷开始从事研

黑火药大都用来制造爆竹、烟火，或是炸弹中的底火药。

究和改良的工作，并陆续发明了混合火药、褐色火药和无烟火药等，一般仍然统称为火药。直到 19 世纪中期，炸药发明以前，火药的使用非常广泛。

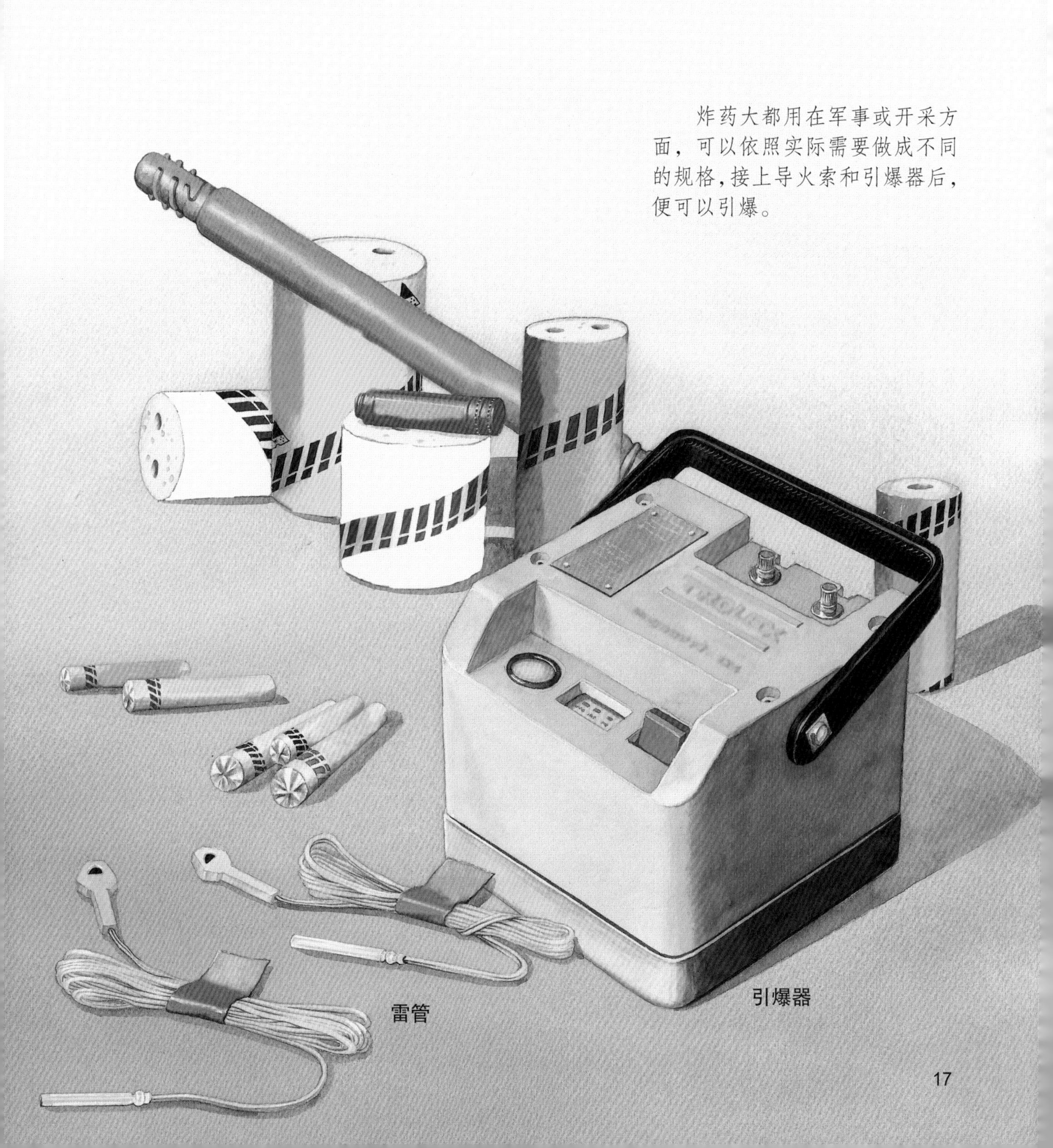

炸药大都用在军事或开采方面，可以依照实际需要做成不同的规格，接上导火索和引爆器后，便可以引爆。

诺贝尔的贡献

黑火药是一种混合物，利用各配料间的化学反应来产生爆炸。后来，科学家们又发现，经过硝化处理的化合物也具有爆炸的威力，不过这些化合物很不稳定，稍微受到撞击，或是温度升高时，就会引起爆炸，安全性并不是很高。后来瑞典化学家诺贝尔经过不断地研究改良，终于在1867年发明了一种既安全、威力又强的炸药，从此炸药便逐渐取代火药，被广泛应用。

诺贝尔一开始认为，各国若用了他发明的炸药，一旦发动战争，势必会引起伤亡，因此可以达到吓阻的目的。谁料到，当时各个国家大肆扩充军备，竞相使用炸药，反而引起更多的战争，造成了更大的伤亡。诺贝尔觉得很失望，很难过，因此创立了诺贝尔奖，奖励世界各国在学术研究和促进和平方面有杰出贡献的人，同时提醒世人和平的重要性。

一触即发

冲天炮是把火药包在厚纸里卷成筒状，一端用泥土或其他东西塞住。点燃后，由于一端被堵住，所产生的气体只能由另一端排出，利用这股气体所产生的反作用力，冲天炮便可以一飞冲天了。

发射炸弹的原理也是如此，不过机制却复杂多了，它是将性能不同、敏感度也不同的火药，依照一定顺序排列后才引爆的。

炸弹内部的火药分为三种：底火药、点火药和发射药。发射时，首先用撞针或点火器点燃底火药，产生足以引燃点火药的热量；再借点火药爆炸燃烧的力量引爆发射药，使发射药产生极大的杀伤力。这一连串的反应往往在一瞬间便完成了。

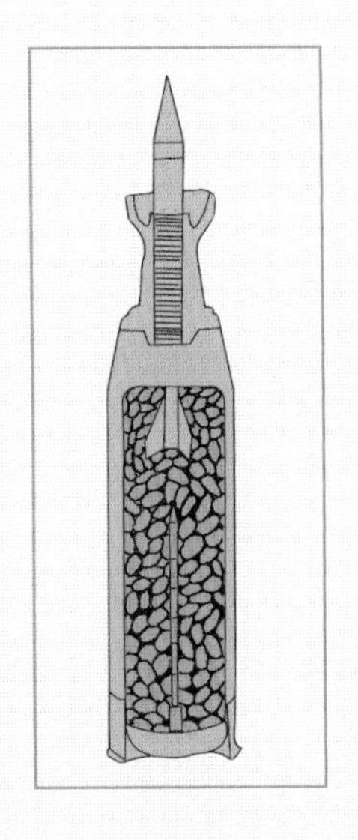

穿甲弹的剖面图，中间颗粒状部分便是炸药。

炸药的用途

炸药虽然有很大的杀伤力，但是，只要利用得当，炸药还是有很大贡献的。例如，开山凿矿必须用到炸药，以达到省时省力的目的。近来，在拆除危旧的高楼大厦时，炸药更是有大用场。只可惜，当年诺贝尔研究改良炸药的目的，是想利用炸药的威力来吓阻人类掀起战事。没想到的是，人类不但不顾炸弹威力的影响，反而变本加厉地制造各式炮弹。

无论炸房子还是炸山，都必须经过缜密的勘探、计算，然后在适当的地点放置炸药，引爆，才能达到目的。

具有杀伤力的武器

人类利用炸药研发出各种炮弹和导弹，有些导弹上还附有定时、导向装置，或是雷达侦测仪器，可以有效地锁定目标。导弹各有各的功能、特色，威力十分惊人，不只是吓阻而已，已经产生了很大的杀伤力！

火箭开启了探索太空新时代

火药被广泛应用在战争上，带来了许多伤亡，但是如果没有发明火药，人类今日也无法探索广大的宇宙。

人类利用火药燃烧、爆炸时产生的反作用力，作为武器的推进力，发明了长程导弹。德国科学家冯·布劳恩在1942年研发了装有液态燃料的V-2火箭，将导弹最大飞行距离扩大到320千米。V-2火箭的发明，使得苏联利用火箭将卫星发射上太空，正式揭开了人类探索太空的新时代。

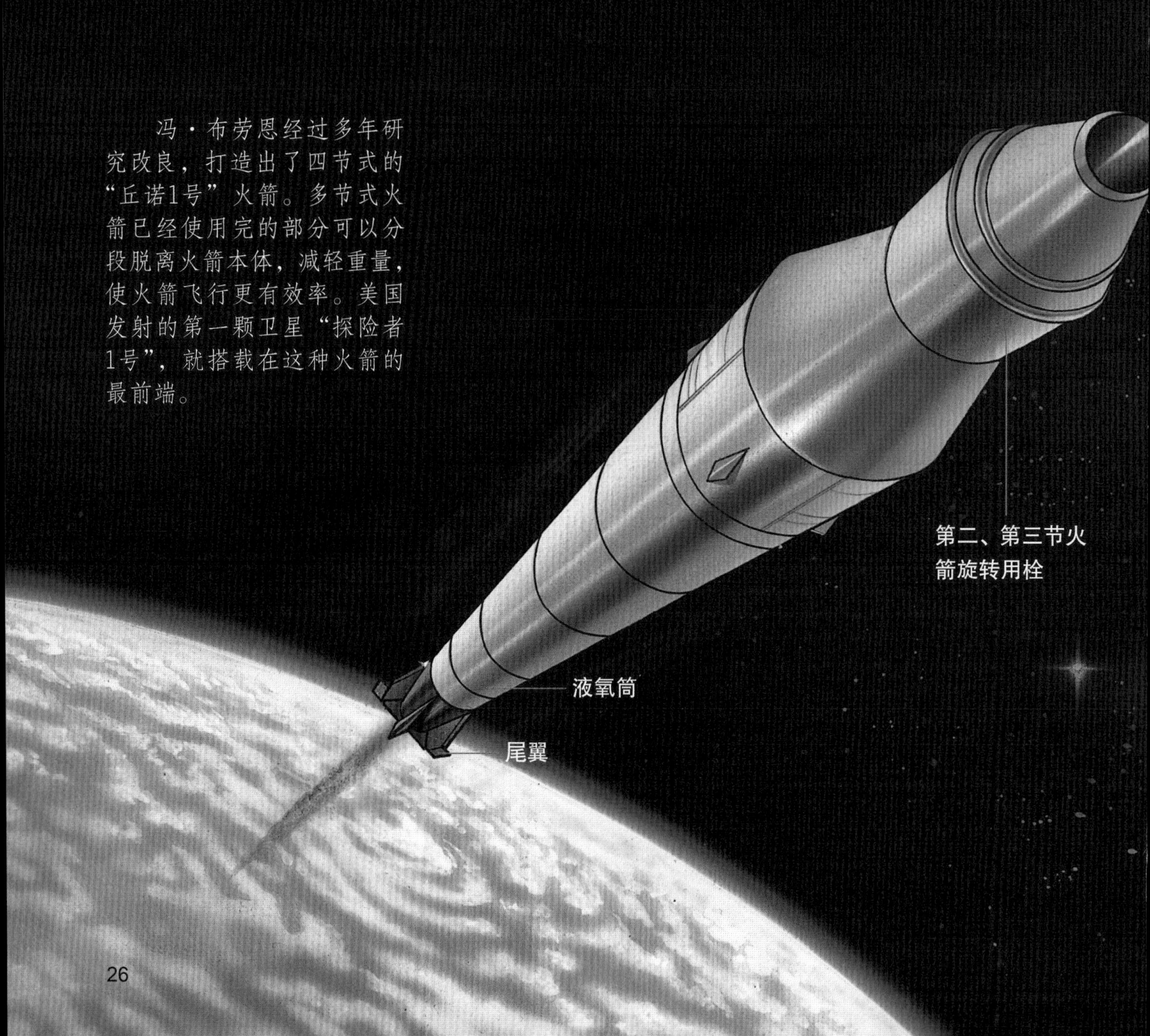

冯·布劳恩经过多年研究改良，打造出了四节式的“丘诺1号”火箭。多节式火箭已经使用完的部分可以分段脱离火箭本体，减轻重量，使火箭飞行更有效率。美国发射的第一颗卫星“探险者1号”，就搭载在这种火箭的最前端。

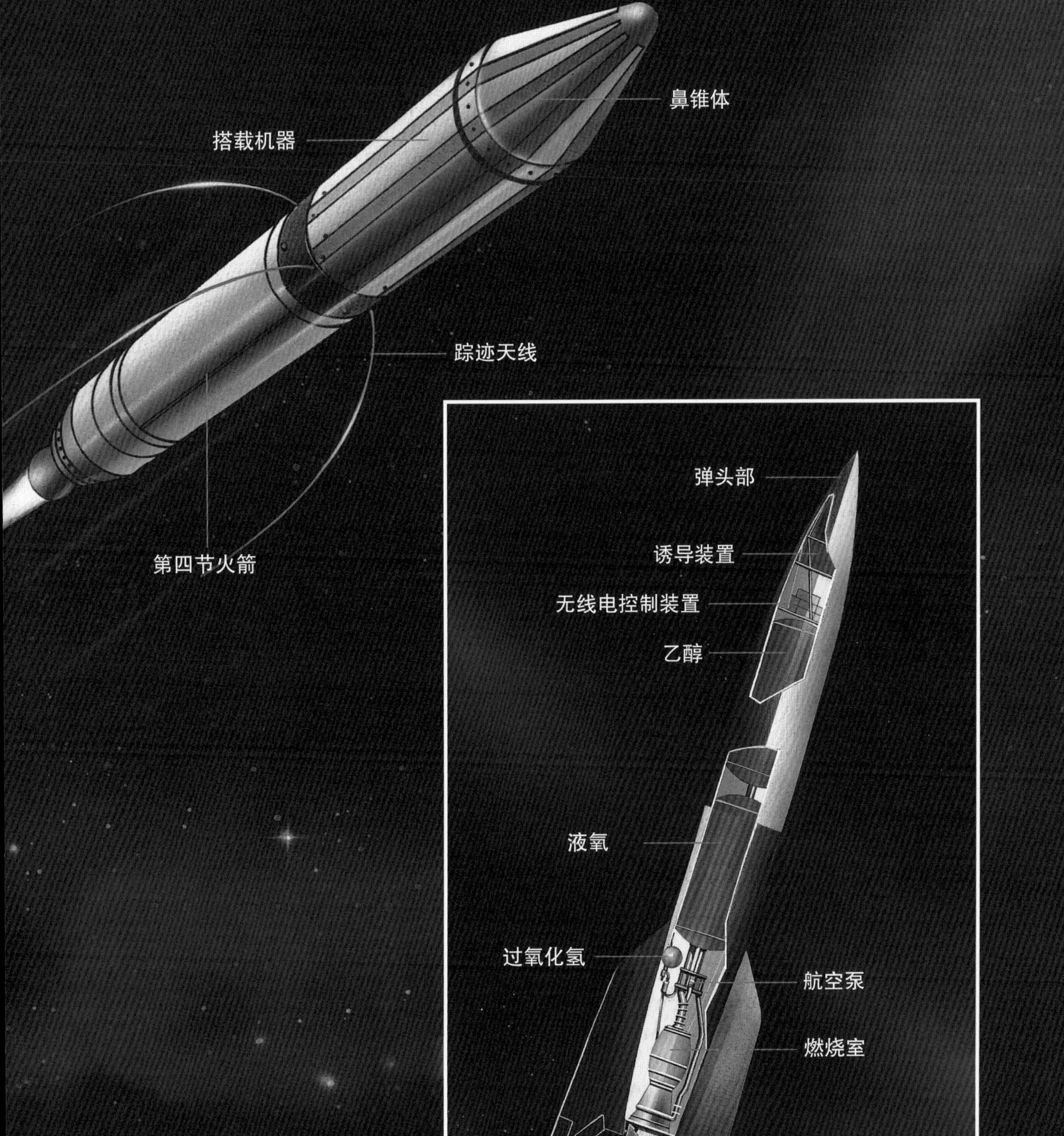

V-2 火箭是第二次世界大战时射程最远的火箭，最快速度 1 秒可达 1600 米。V-2 火箭除了军事用途外，当时的科学家也用它来搜集大气资料与空拍地面。

最美丽的火花

自从炸药发明后，火药的地位便大不如从前，现在最常应用在制作爆竹上，其中又以烟火最受人欢迎。但是烟火又是如何绽放出美丽的图案的呢？

原来，在火药中添加一些金属化合物，不同的金属燃烧的时候，就会产生不同颜色的火焰。例如钠燃烧时会发出黄色火焰，钡燃烧时会发出绿色火焰……经过巧妙的排列，控制燃烧的顺序，引爆后漆黑的天空中便能绽放出鲜艳夺目的图案了。

扫一扫，看视频
计算机操控烟火舞

中国古科技展

你知道世界上第一台监测地震的仪器、最早的火药箭是哪个国家发明的吗？你知道世界上最早记录观测日食的是哪个国家吗？答案就是中国！在中国悠久的历史中，曾经出现了许多首创的科学发明，快一起来看看古人发明了哪些重要的技术和器具吧！

后人复制的东汉时期发明的“候风地动仪”，是世界上第一台可以测知地震发生和方向的仪器。地震发生时，震摆会推开震波方向的杠杆，使龙口中的铜球落入蟾蜍嘴里。

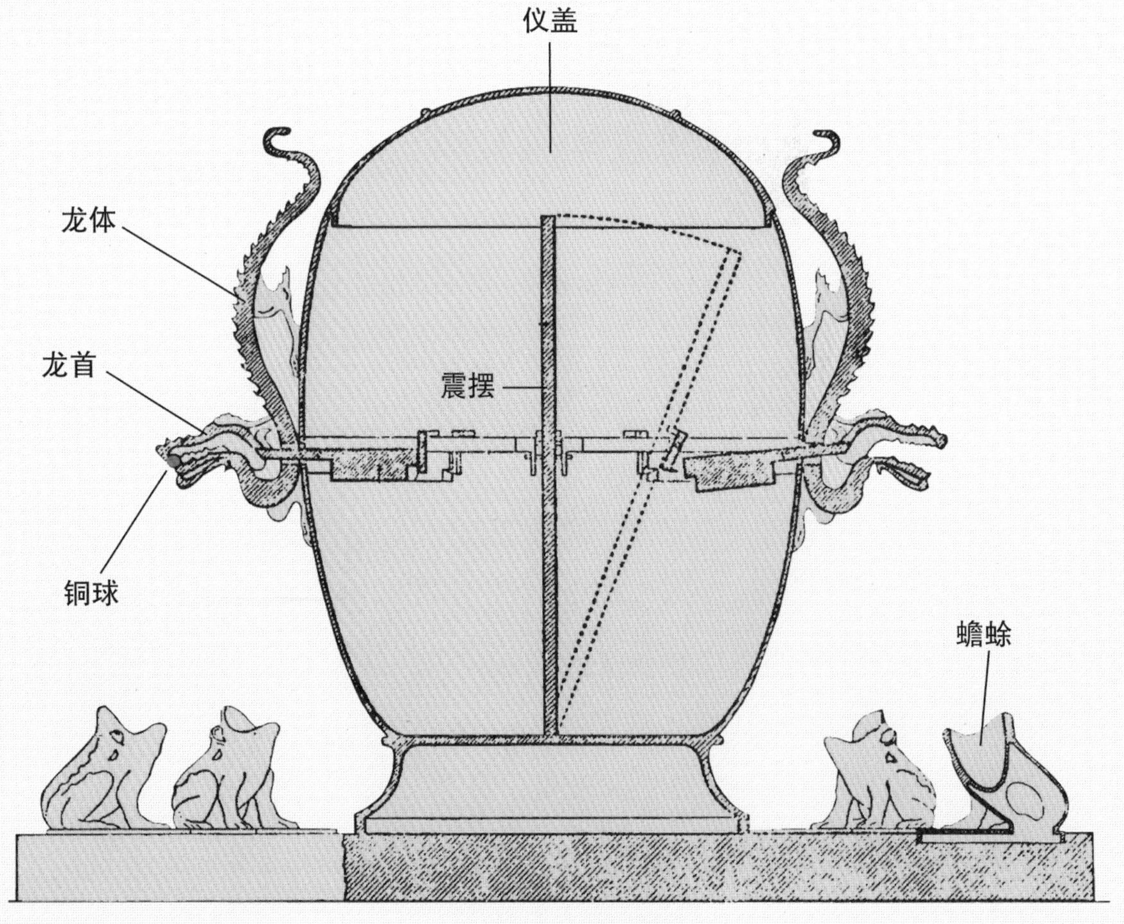

候风地动仪结构

天文与地理

中国在天文学方面的发展十分卓越，据考证可能保存了世界上最早观测到日食、太阳黑子、哈雷彗星和超新星的记录，还发展出浑仪、浑象、日晷等各种观测仪器，更制定出准确的历法，在世界天文学史上占有重要的地位。古时候的中国也已经有监测地震的仪器——候风地动仪，可以知道地震发生的方位，它可是世界上最早的地震仪。

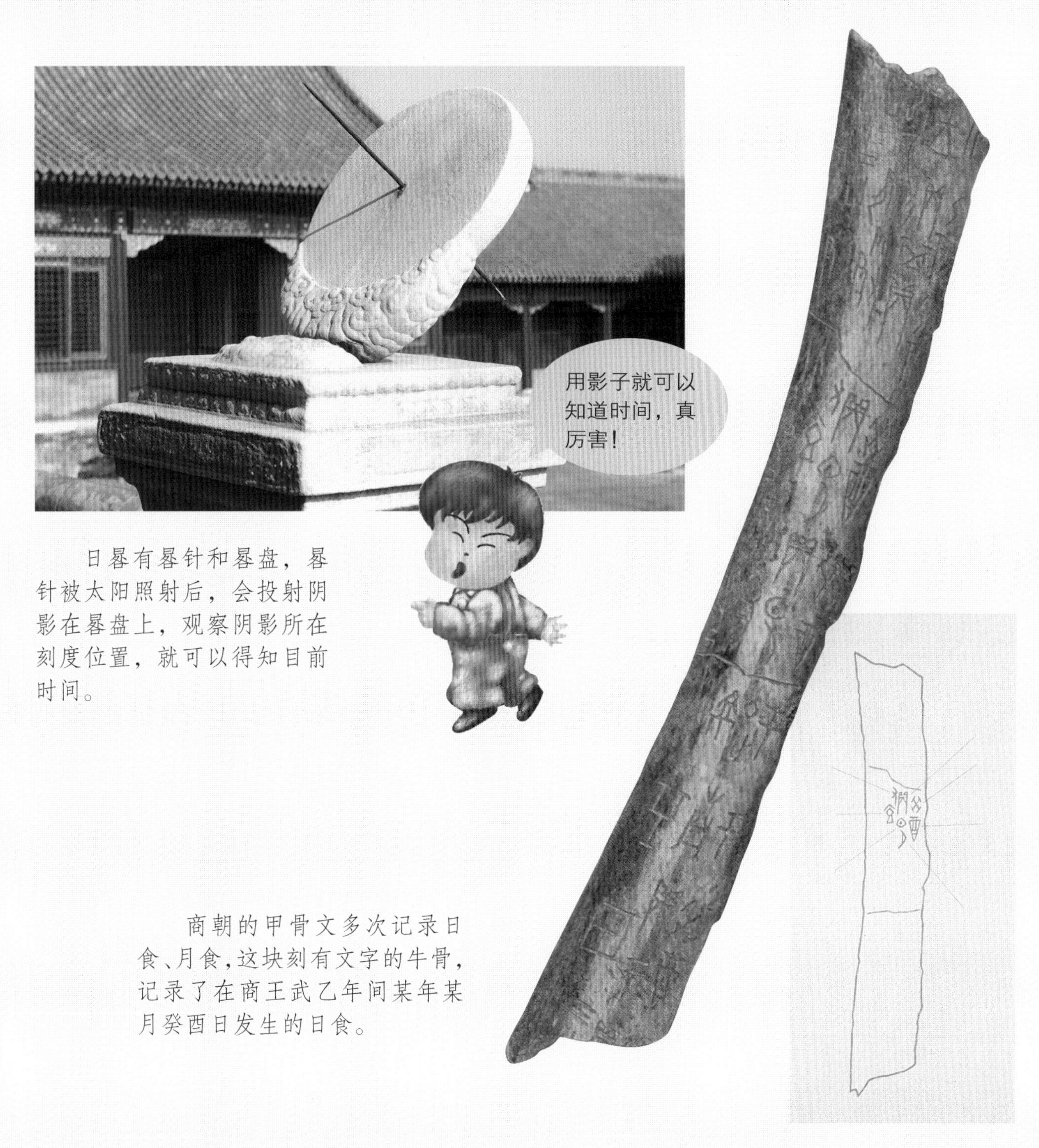

日晷有晷针和晷盘，晷针被太阳照射后，会投射阴影在晷盘上，观察阴影所在刻度位置，就可以得知目前时间。

商朝的甲骨文多次记录日食、月食，这块刻有文字的牛骨，记录了在商王武乙年间某年某月癸酉日发生的日食。

机械

中国古代在杠杆、轮轴、滑轮、齿轮等机械的应用上也有十分杰出的成果，由此可见祖先们对于科学原理的了解和应用具有很高的水平。

走马灯是世界上最早利用热气对流，产生机械运动的装置。

尖底瓶是利用尖底的设计和重心变换的原理制成的汲水工具。尖底瓶接触水面后，会自然倒向一边，让水流入，达到一定水量后，尖底瓶会自动立起。

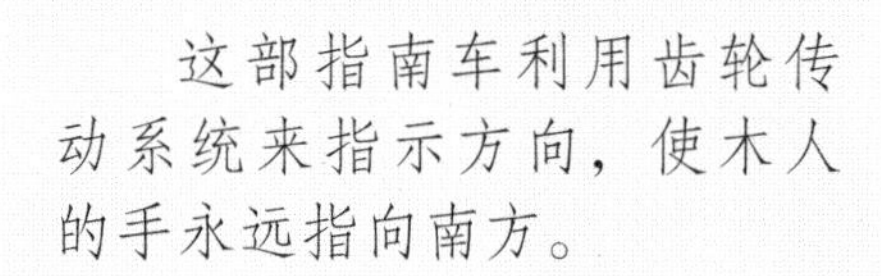

这部指南车利用齿轮传动系统来指示方向，使木人的手永远指向南方。

真是展现了祖先的智慧，值得每个人“鉴往”以“知来”！

这是带辘轳的陶井，井架上安装了一组定滑轮，表明中国很早就使用了滑轮装置。

记里鼓车是利用车轮转动，带动内部齿轮，再转换成杠杆起作用，让小木人每隔一里击鼓一次，可以计算行进的里程。

火药

火药、造纸术、印刷术和指南针，被称为中国古代的四大发明，对于人类的文明发展有重大的贡献。火药是古人在炼丹时，无意间发现硫黄、硝石和木炭混合能发生爆炸，于是便利用它们来制造烟火、爆竹和各种火药武器。火药和兵器结合不仅增加了杀伤力，也增加了攻击距离，使得战争的方式有了重大的变化。

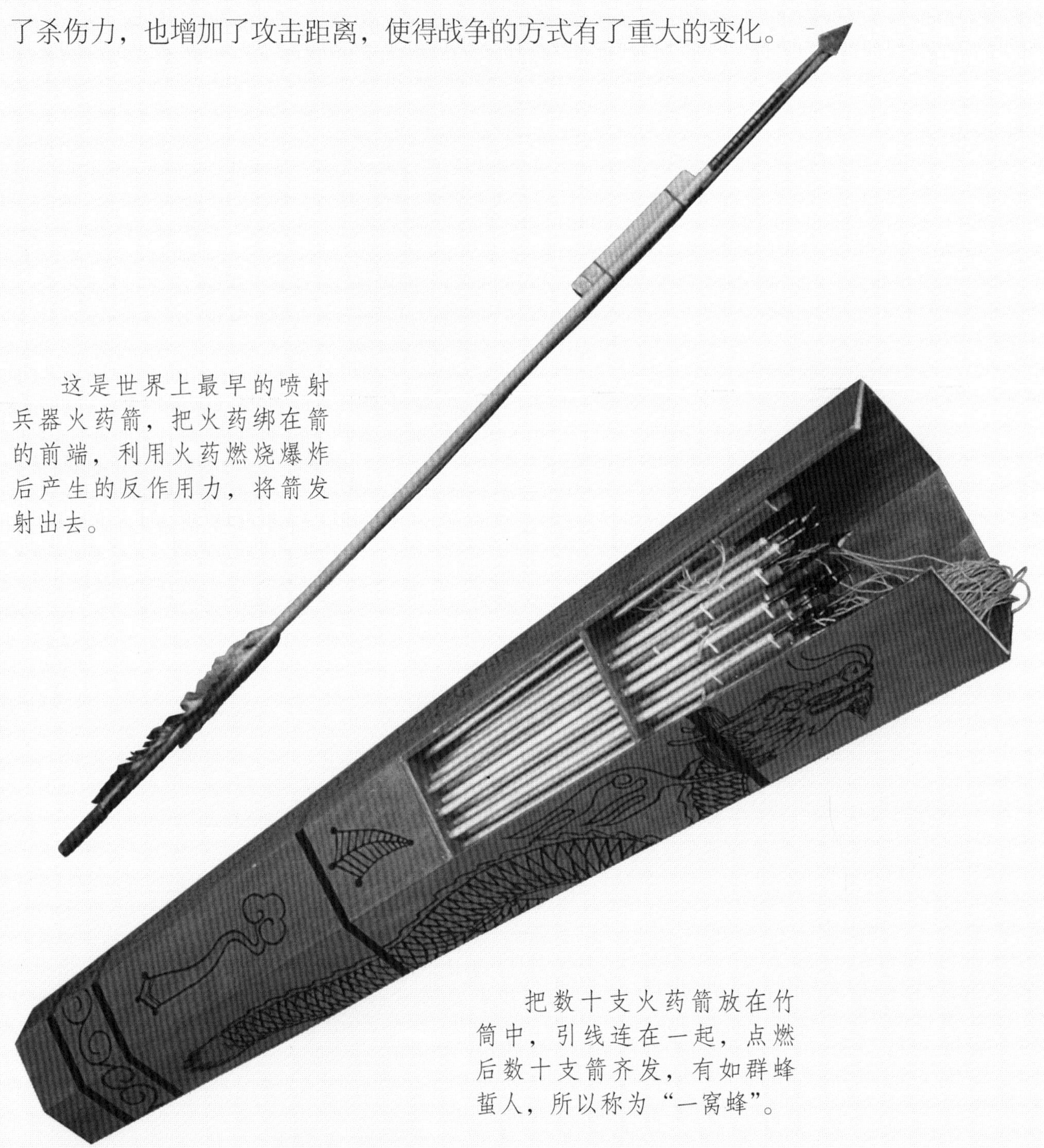

这是世界上最早的喷射兵器火药箭，把火药绑在箭的前端，利用火药燃烧爆炸后产生的反作用力，将箭发射出去。

把数十支火药箭放在竹筒中，引线连在一起，点燃后数十支箭齐发，有如群蜂蜇人，所以称为“一窝蜂”。

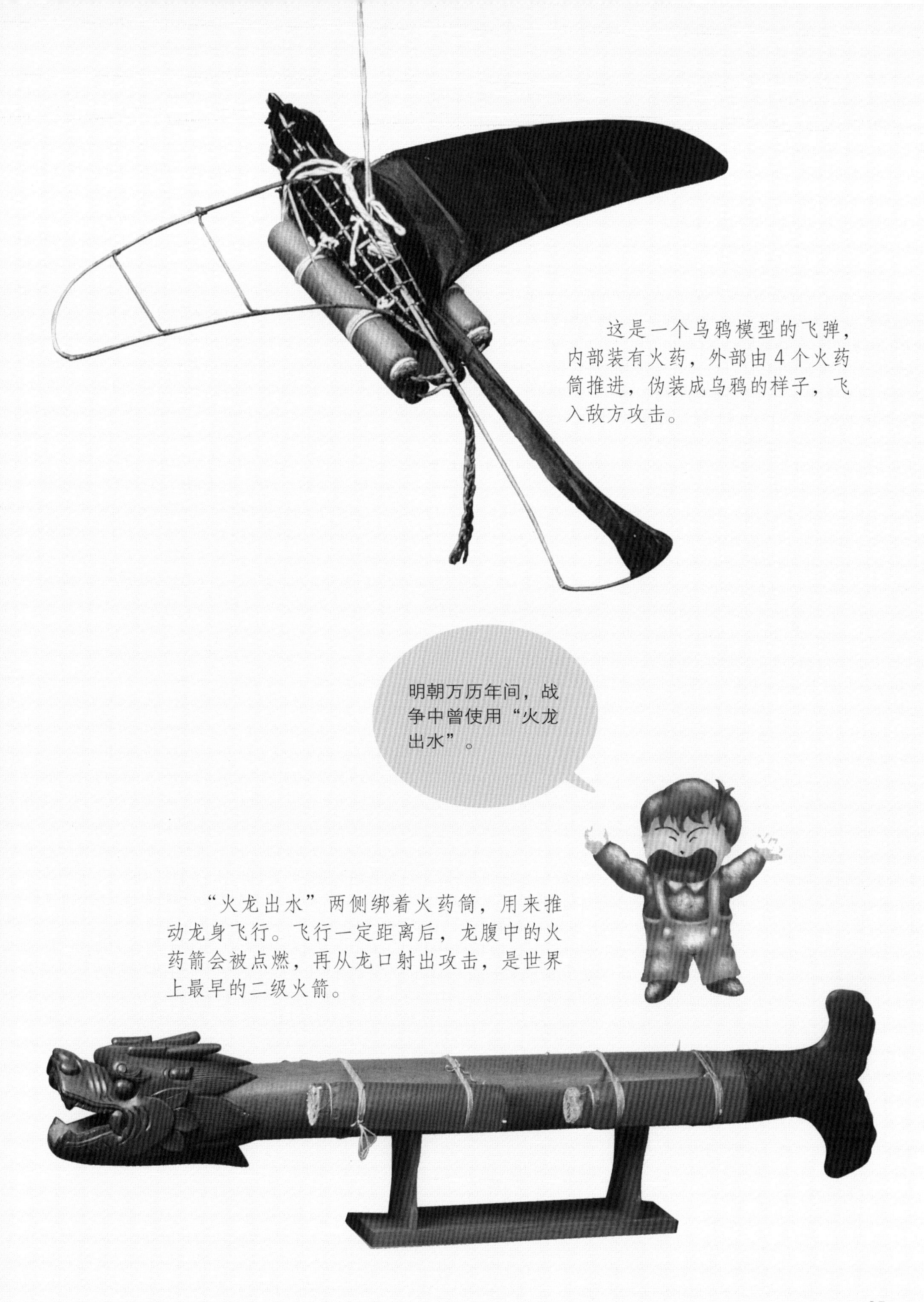

明朝万历年间，战争中曾使用“火龙出水”。

这是一个乌鸦模型的飞弹，内部装有火药，外部由4个火药筒推进，伪装成乌鸦的样子，飞入敌方攻击。

“火龙出水”两侧绑着火药筒，用来推动龙身飞行。飞行一定距离后，龙腹中的火药箭会被点燃，再从龙口射出攻击，是世界上最早的二级火箭。

造纸术

根据考古资料，在西汉时期就已经发明了纸张，东汉蔡伦改进造纸技术后，大大推广了纸张的应用，后来传到西方，促进了世界文化的发展。

扫一扫，看视频

环保又实用的手工纸

发笺（jiān）是在纸浆中加入水苔、头发等的加工纸。纸上有闪亮的斑点的，是在纸浆中添加了云母，称为“云母发笺”。

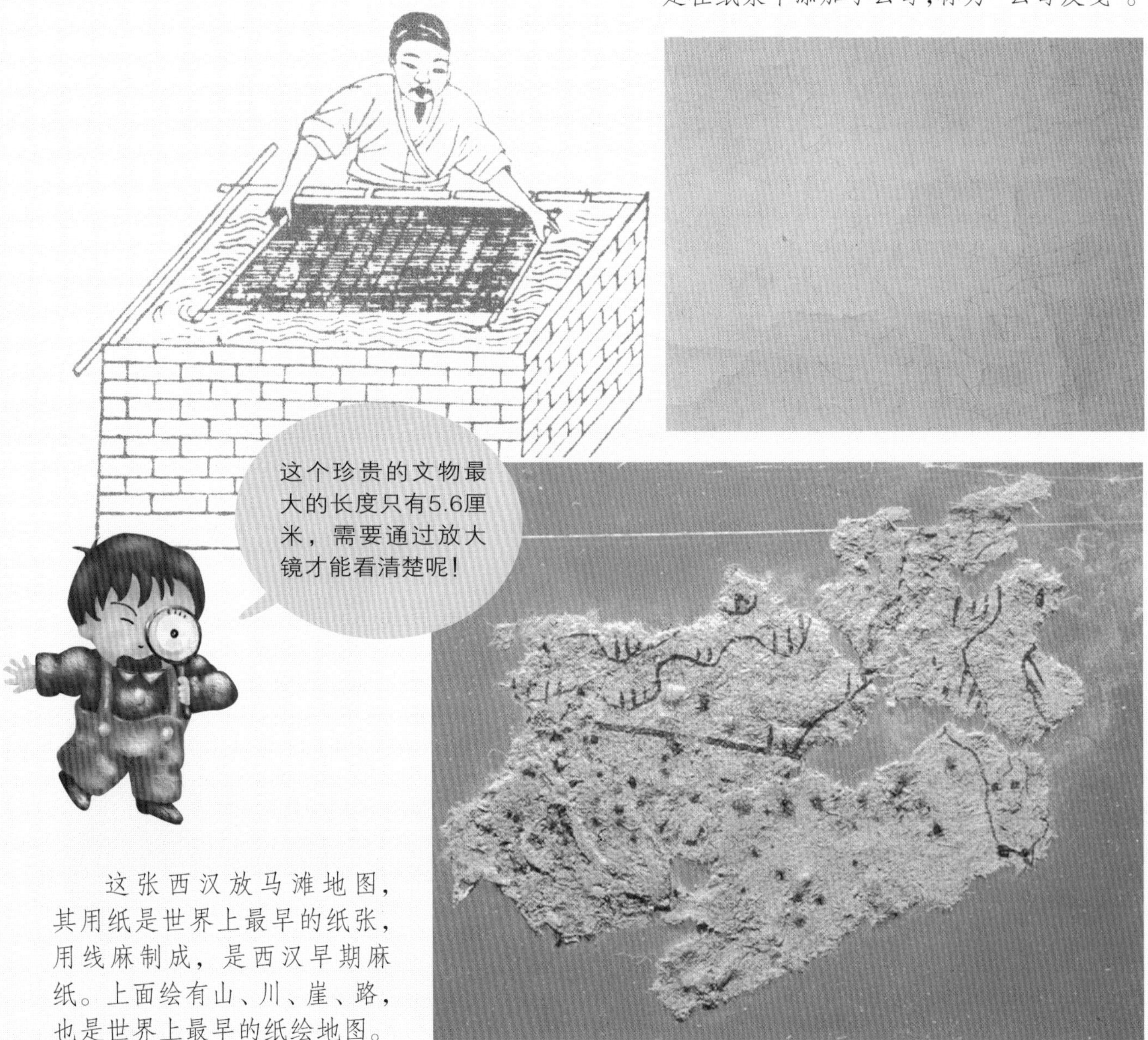

这个珍贵的文物最大的长度只有5.6厘米，需要通过放大镜才能看清楚呢！

这张西汉放马滩地图，其用纸是世界上最早的纸张，用线麻制成，是西汉早期麻纸。上面绘有山、川、崖、路，也是世界上最早的纸绘地图。

书籍的保存最怕虫蛀了，在魏晋南北朝时，人们就利用黄檗（bò）汁来染纸，因为黄檗汁有杀虫防蛀的功效。这是明清时的防蛀纸，纸上涂有矿物质铅丹，其主要成分是四氧化三铅。

皇明百官述序
皇朝建官準法虞周雖專領兼析微有不同而規
模品式大抵相爲損益故權敍於漢而董正之綱
維自定員省於唐而職任之貫理甚周祿涼於宋
而爵復之恩禮愈厚即有驕陵旋麗陳泉豈無冗
贅亦復汰除剟文武夾維內外交應協恭互發則
指臂相隨輙斷獨行則齬齟不遂宏謨曲算可謂
博大精詳矣茲表其爵號官品階勳祿凡七等而
著其沿革職守附以累朝典議爲百官述
嘉靖丙寅三月望鄭曉識

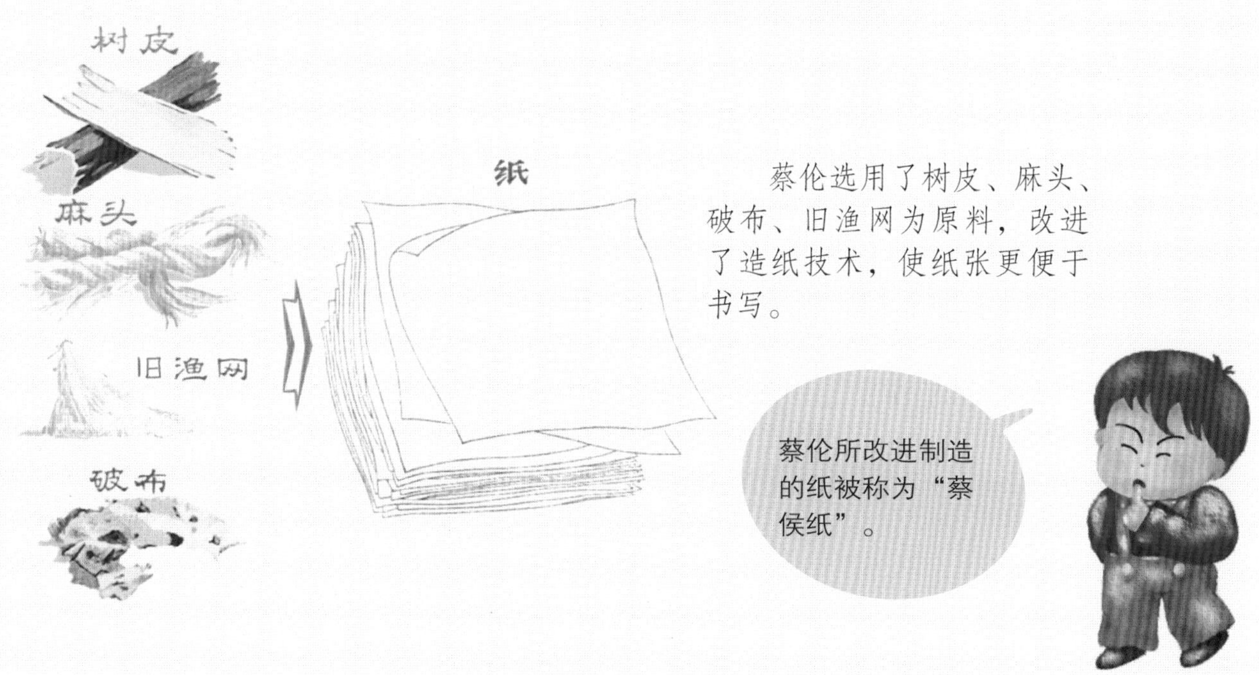

蔡伦选用了树皮、麻头、破布、旧渔网为原料，改进了造纸技术，使纸张更便于书写。

印刷术

印刷术有两个重要的发展阶段，首先是“雕版印刷”，然后是“活字印刷”。雕版印刷是把一整篇文章反刻在版上，然后上墨、铺纸、压印，就印刷完成了。北宋时期，毕昇发明活字印刷，将字一个个反刻在胶泥上，再制字模，并可以依文章内容重组排版，大大提升了印刷的效率。

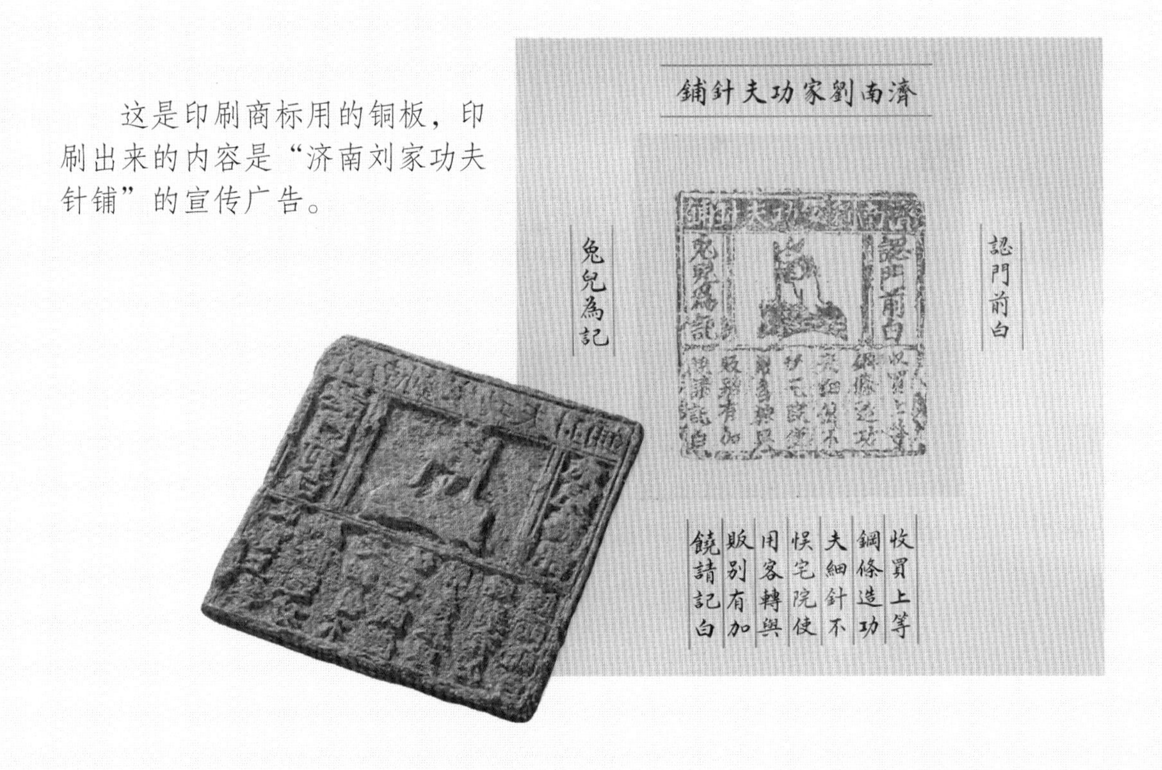

这是印刷商标用的铜板，印刷出来的内容是“济南刘家功夫针铺”的宣传广告。

元朝的王祯发明了转轮排字盘，排版时两人合作，一人读稿，一人从两边的木盘取出需要的字，排入版内，提高了检字、排字的效率。

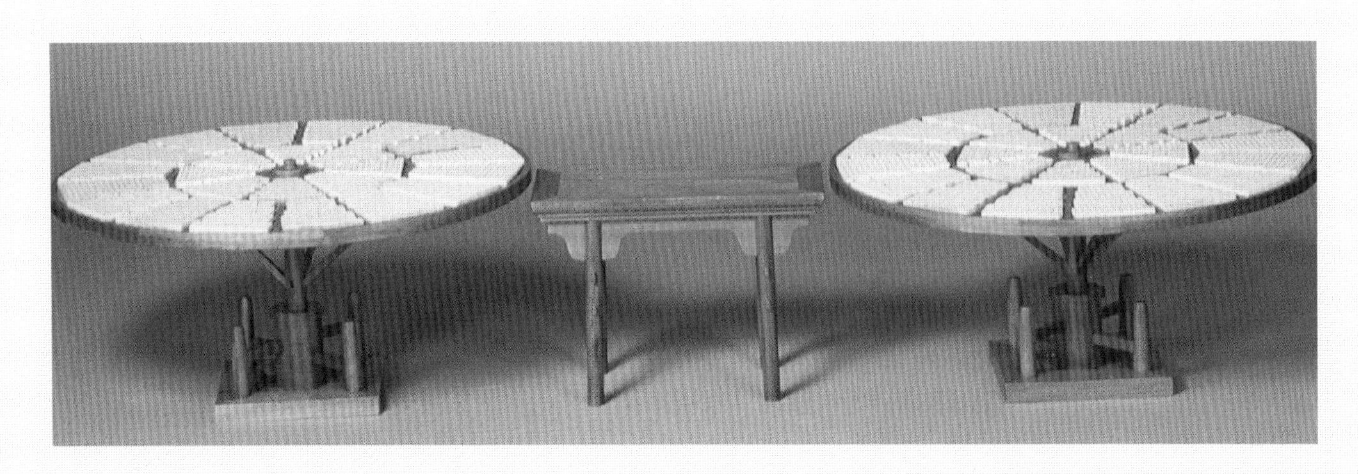

这种用于制作泥活字的字模，是清朝人翟金生仿效毕昇的方法所造的。他曾经用泥活字成功地印刷出诗文集和宗谱。

这是青铜器内的铭文，是用一个个单字模铸出来的，具有活字印刷的雏形。

一开始活字印刷术是使用黏土制作字模，也就是泥活字，后来也出现用木头制作的字模，以及用金属制作的字模。金属活字不仅用来印制书籍，也被用来印制钞票。

指南针

利用磁石的指极性来指示方向的指南针，不仅指南，同时也指北，那为什么要叫指“南”针，而不叫指“北”针呢？原来是中国古代以南方为尊，所以就把会指示南北向的工具叫作“指南针”！指南针开创了航海导航的新纪元，对于世界贸易、文化的交流影响深远。

战国时期，中国就利用天然磁体制成指示南北的工具，称为“司南”。这个磁勺的勺头指北，勺尾指南。

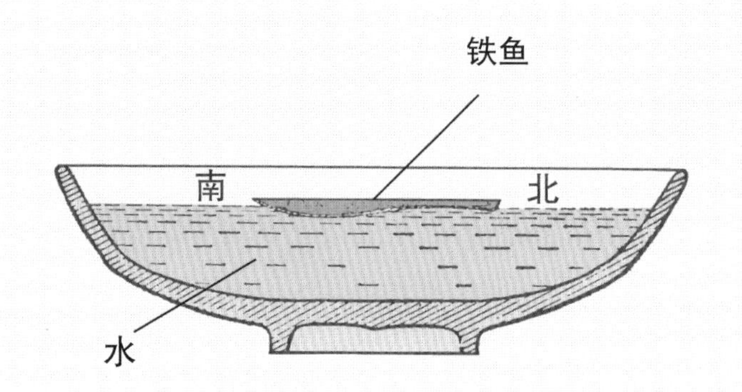

北宋时期，人们开始使用人工磁体。这个“指南鱼”就是世界上第一件用人工磁体制成的指南工具，铁鱼经人工磁化而具有磁性，平放在水面上，鱼头会指示南方。

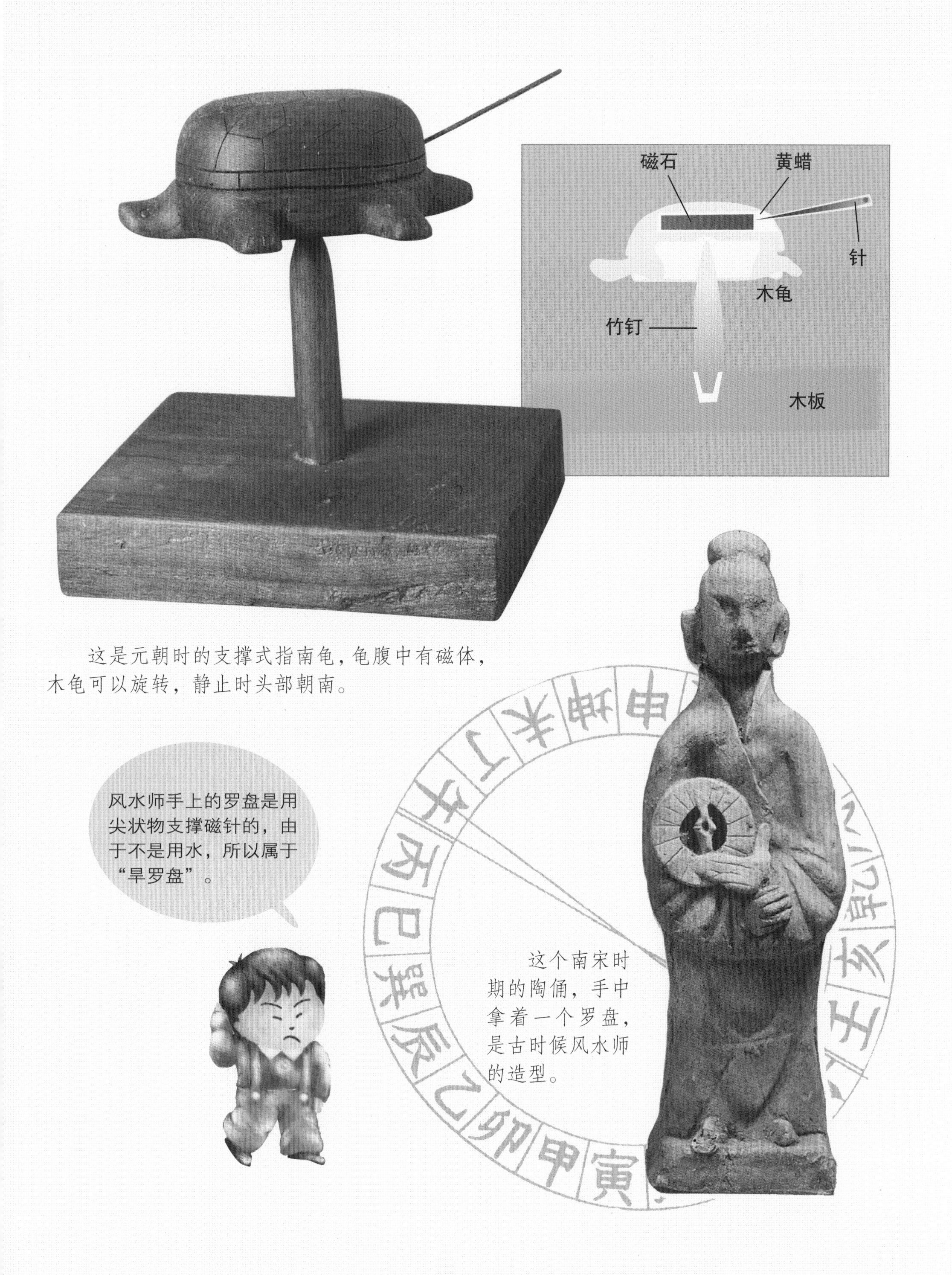

磁石
黄蜡
针
木龟
竹钉
木板
风水师手上的罗盘是用尖状物支撑磁针的，由于不是用水，所以属于“旱罗盘”。

这是元朝时的支撑式指南龟，龟腹中有磁体，木龟可以旋转，静止时头部朝南。

这个南宋时期的陶俑，手中拿着一个罗盘，是古时候风水师的造型。

毁灭性的武器——原子弹

我的诞生和爱因斯坦有关，想要了解我，就必须先从他的原子能学说谈起。

这个蘑菇状的烟雾是由原子弹爆炸所产生的，相信你也曾在各种报刊或电视等媒体上看过。但是，除了知道它是一种可怕的武器外，你对原子弹还了解多少？

什么是“原子能”？

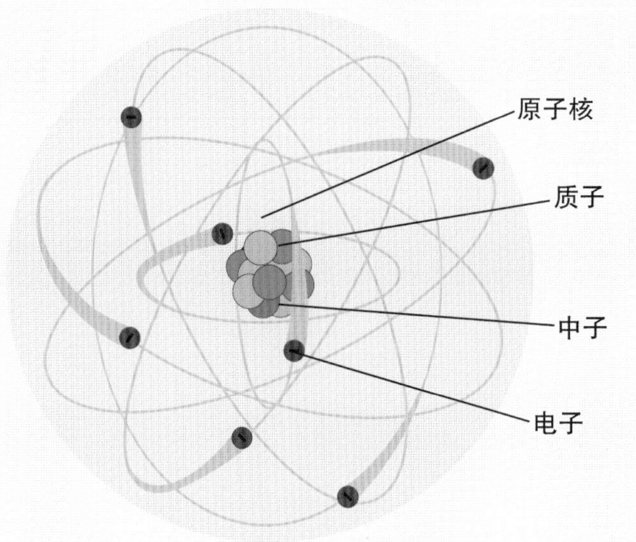

物质都是由原子直接或间接构成的。原子的中心称为“原子核”，由中子和质子组成，周围则环绕着电子。如果有一个外来的中子“用力”撞击原子核，就会使原子核分裂，并释放出“能”，称为“原子能”。

我的爆炸威力就是由铀、钚这两种元素的原子核分裂时所产生的。

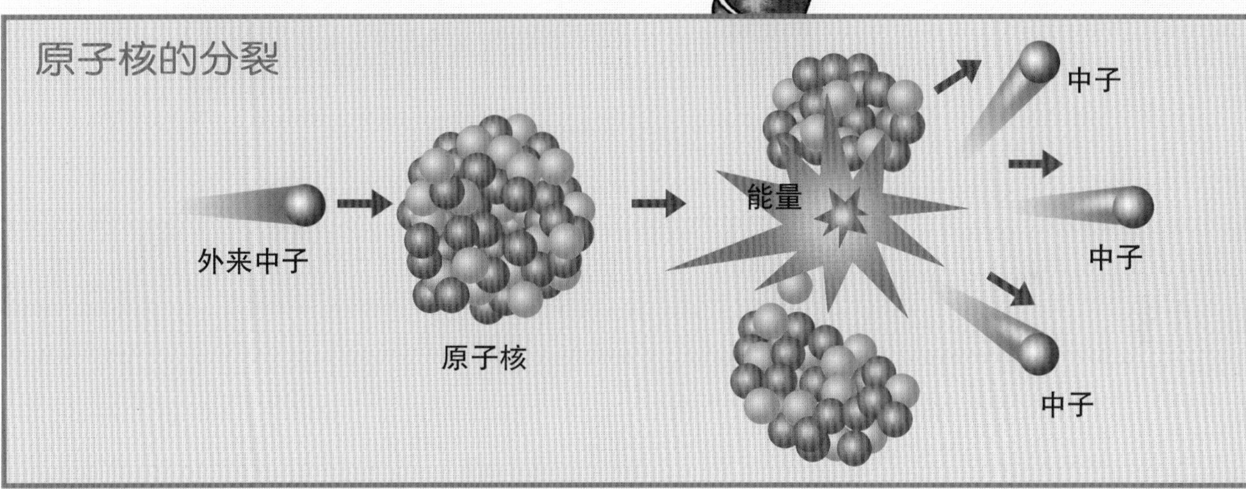

爱因斯坦的学说促使科学家们在美国新墨西哥州的沙漠中，秘密制造了我，并在1945年7月16日试爆成功。

原子能的功与过

试爆成功以后不到一个月，原子弹就被用来当作战争的武器，投掷在日本的广岛和长崎，造成无数死伤等可怕的后果，直到今天还令人闻之色变。但是，除了战争用途之外，原子能还有许多和平用途，这也是近代对人类影响最大的发现之一。

核能发电

利用铀原子分裂时的能量来产生电力，就称为“核能发电”。在核电站中，有一个被用来放置铀的核反应堆，它可以控制铀原子分裂产生的能量，并能够防止放射线外泄。

核电站

核潜艇

核潜艇是利用核动力作为推进动力。它可以在海底航行数月，通常用作军事用途或从事极地研究。

没想到原子能可以用来制造原子弹伤人，却也可以治病呢！

医疗用途

原子核分裂会产生放射线，虽然会对人体造成伤害，但是，微量的放射线却可以用于医疗上，例如用来检查人体器官是否正常。钴-60放射线可以用来杀伤癌细胞，治疗癌症。

农业用途

用放射线照射果蔬，可以延长储存期限。另外，也可以用来照射危害农作物的害虫，破坏它们的生殖力，使害虫的数量逐渐减少，或用来进行稻谷、花卉等植物的品种改良。

我讨厌原子能！

淡化海水

利用核反应堆产生的蒸汽热量，可以蒸发海水，再将其凝结成纯水，供住在沙漠或其他缺乏水源地区的人使用。

只要不用在战争方面，我的贡献其实还真不小呢！

遗爱人间的阿尔弗雷德·诺贝尔

每年 12 月 10 日，举世瞩目的“诺贝尔奖”颁奖典礼都会在瑞典的斯德哥尔摩市举行，由瑞典国王颁发奖牌和奖金给获奖者。全世界的人都以获“诺贝尔奖”为至高无上的荣誉。你知道这个奖是怎么来的吗？

研究火药的一家人

阿尔弗雷德·诺贝尔于 1833 年出生在瑞典的斯德哥尔摩市。

“可怜的孩子，怎么身体这么差呢？不知道养不养得活，唉！”

从小就不断生病的诺贝尔始终不能和其他孩子一起玩耍，不过，他非常喜欢读书。虽然他的父亲破产，使他不能接受正规的教育，但他仍不断自学，尤其喜欢做化学实验。

由于父亲曾经在俄国开了一家火药工厂，因此，诺贝尔从小就对火药非常熟悉。

“只要按步骤处理，火药并不是很可怕的东西。”

当时的火药爆炸时烟多，而且爆炸力弱，使用上很不理想，许多人都希望能研制出更理想的产品来。

“看！这份报道说硝酸甘油这种治疗心脏病的液体，具有强烈的爆炸力，也许我们可以用硝酸甘油来试试。”

经过不断地研究，诺贝尔终于制造出硝酸甘油炸药。这种炸药爆破力非常大，但由于是液体，搬运起来很不方便，而且它很不稳定，温度一高就容易爆炸。

“怎样才能让它完全受人控制呢？”就在诺贝尔致力于改善炸药的安全性时，一个重大的意外发生了。

“工厂爆炸了，艾米尔在里面！”

艾米尔是诺贝尔唯一的弟弟，当他焦黑的尸体被抬出时，诺贝尔悲痛地下定决心，一定要让炸药变成安全的东西！

安全炸药的诞生

“如果把液体的硝酸甘油变成固体的炸药，是不是比较安全呢？”

经过多次试验，诺贝尔发现硅藻土能够吸收硝酸甘油，将其变成泥块般的东西。这种“泥块”无论怎么敲、打、摔都不会爆炸，而一旦用雷管引爆，威力却比硝酸甘油炸药还猛烈。

为了向世人介绍这种安全炸药，诺贝尔进行了多次公开试验，从此以后，人类进入了可以控制炸药的时代。

研究不断，善于经营

在1875—1888年间，诺贝尔又研制出可以在水中爆炸的爆破胶和无烟火药，这对人类的建设工程有很大的帮助。

除了发明的天分外，诺贝尔还擅长经营，他在各国申请专利以保障自己的权利，又和他的哥哥一起成立诺贝尔兄弟石油公司，因为他们看出石油的时代已经来临，诺贝尔也因此成为巨富。

追求和平，遗爱人间

诺贝尔发明炸药并不是为了给人类提供更强大的战争武器，而是希望人类利用炸药来从事各种建设，可是，有侵略野心的人们却不这么想。

“如果没有诺贝尔的炸药，就不会有这么多悲惨的战争了！”

面对人们无情的责难，诺贝尔感到非常难过。

“他们为什么不想想炸药的好处呢？”

的确，诺贝尔发明的种种炸药，除了推动科技的发展外，对于工业、农业等也都有所贡献。例如，爆炸可以把硬的金属压制成我们需要的形状，爆炸还可以疏通结冰的河道，以便让船只在冬季航行。

“对了！把我的财产留给对人类有贡献的人们，这样也许可以继续造福世界！”

于是，诺贝尔在他的遗嘱中设立了五项诺贝尔奖，分别为物理学、化学、生理学或医学、文学、和平，颁授的对象不分国籍、性别，只要是对人类有伟大贡献的人，就有资格获奖。

1896 年 12 月 10 日，诺贝尔与世长辞，为了纪念他，这个日子成为每年诺贝尔奖的颁奖日期，诺贝尔的遗爱也长留人间。

成语中的科学——五光十色

“五光十色”是形容景色艳丽、色彩繁多、光彩夺目的样子，还可以用来形容物品的种类繁多。

每当过年过节，我们常在夜晚的天空看到烟火，美丽的火花使夜空热闹非凡，尤其是在重要庆典时所施放的烟火，更使漆黑的夜空呈现五光十色的壮丽景象。你知道烟火为什么会产生五颜六色的火光吗？

化学元素中，碱金属和碱土金属的金属化合物燃烧时会产生不同颜色的火焰，譬如含钠化合物燃烧时的火焰是黄色，含钾化合物燃烧时的火焰是浅紫色，含锂化合物燃烧时的火焰是红色等。由于这些金属化合物有特定的火焰颜色，所以常被用来鉴定成分，称为“焰色反应”。

把这些金属化合物包在火药的外侧，当烟火因燃烧而发生爆炸时，燃烧外围的金属化合物，就会发出各种颜色的火光。

吹不灭的蜡烛

那天我参加同学的生日派对，唱完生日快乐歌后，寿星嘟起嘴来吹蜡烛，可是不一会儿蜡烛又燃烧起来了，大伙儿觉得好新鲜，纷纷凑过头去帮忙吹，但那倔强的蜡烛还是不灭。这时，你一言我一语的，大家开始推想为什么蜡烛可以吹灭又复燃呢？最后，我们决定动手试试看！

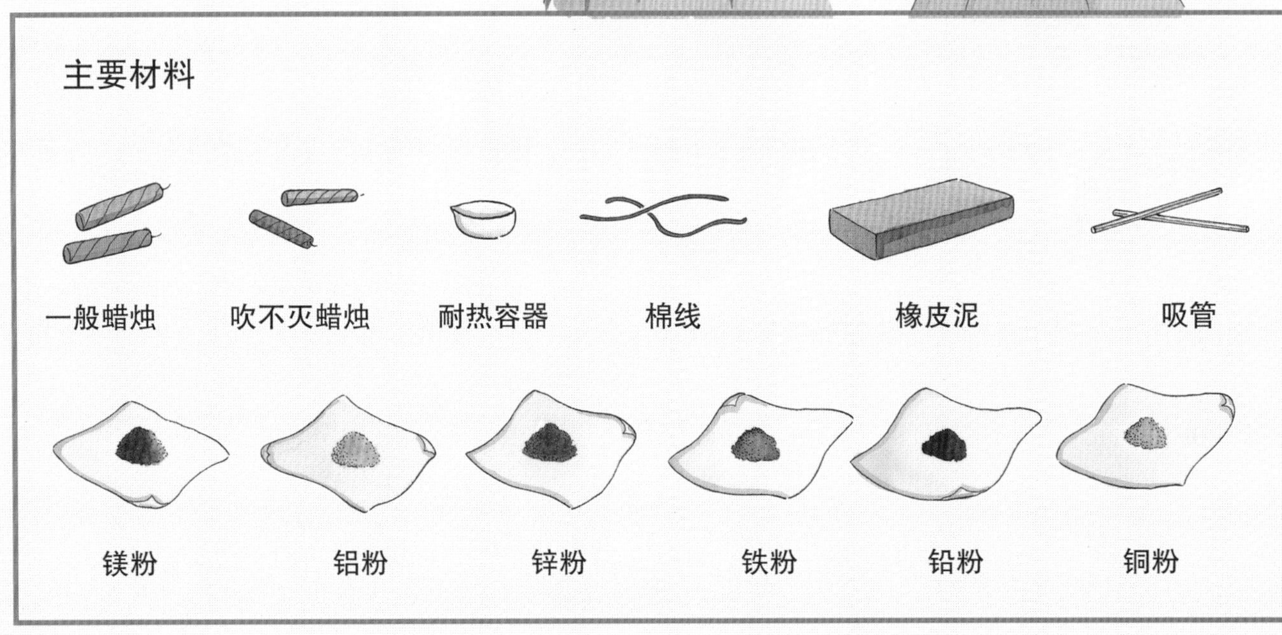

实验一：真的吹不灭吗？

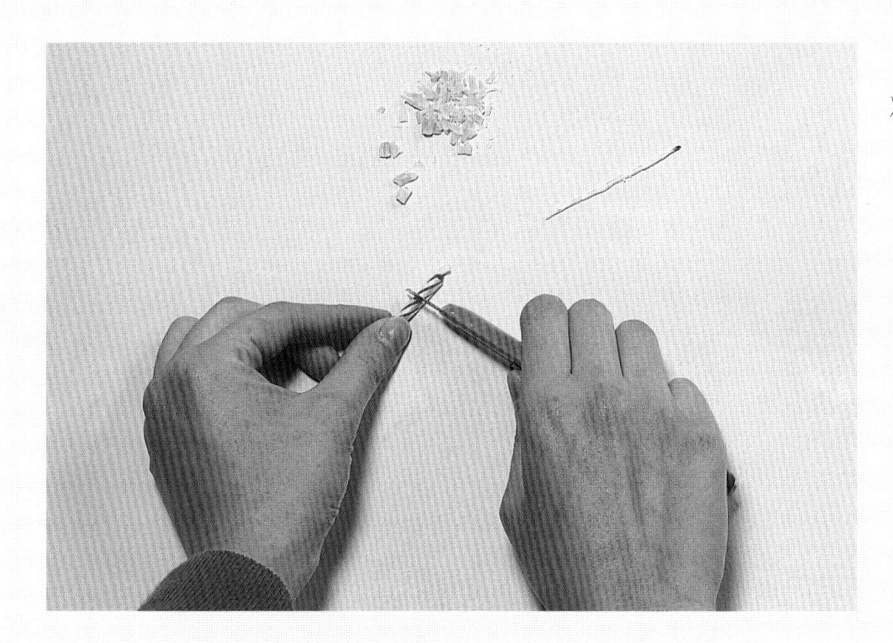

1. 取一般蜡烛和吹不灭蜡烛各一支，分别切开取出烛芯。

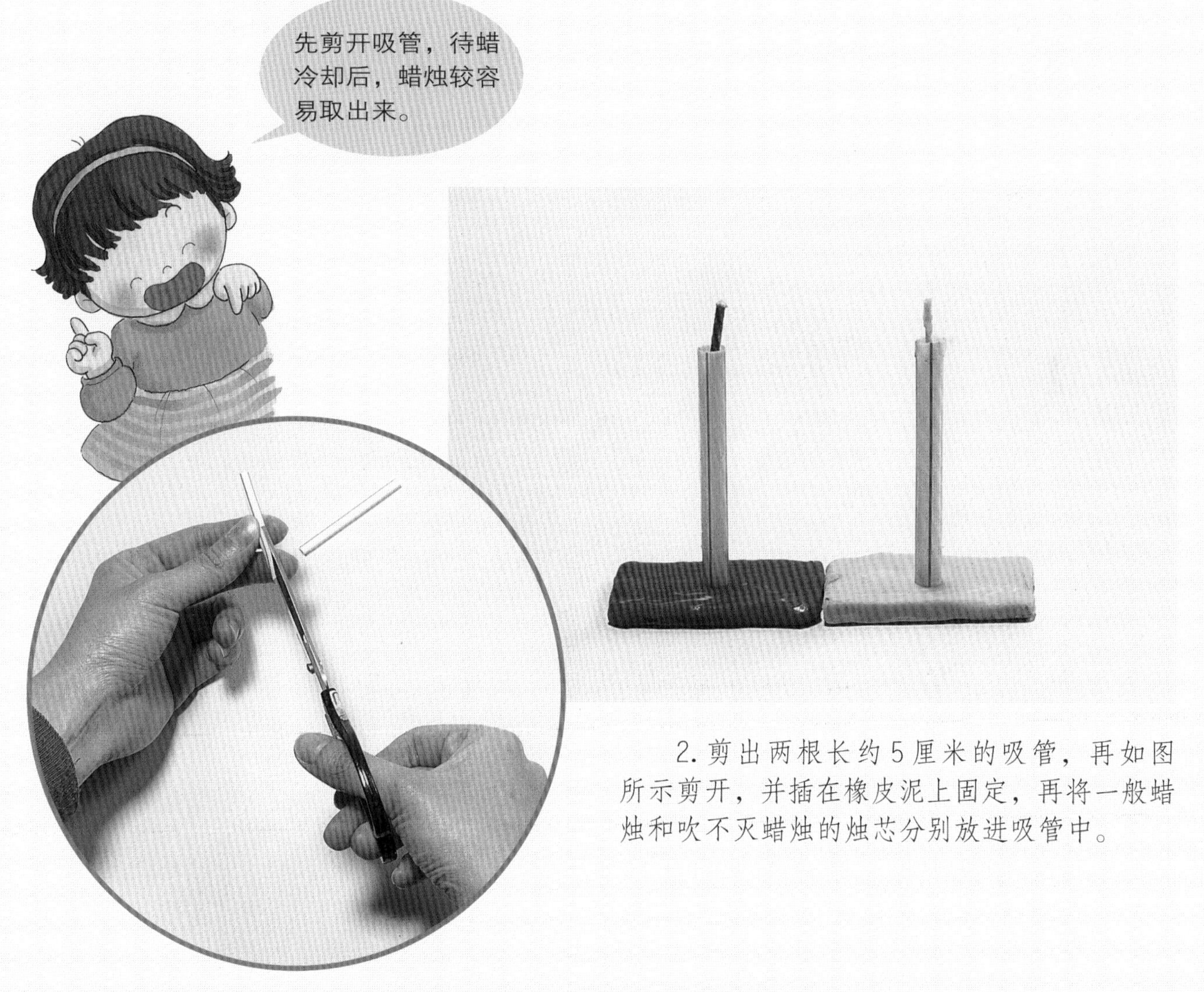

先剪开吸管，待蜡冷却后，蜡烛较容易取出来。

2. 剪出两根长约5厘米的吸管，再如图所示剪开，并插在橡皮泥上固定，再将一般蜡烛和吹不灭蜡烛的烛芯分别放进吸管中。

使用火柴或打火
机时要小心，不
要被烫到或引起
火灾。

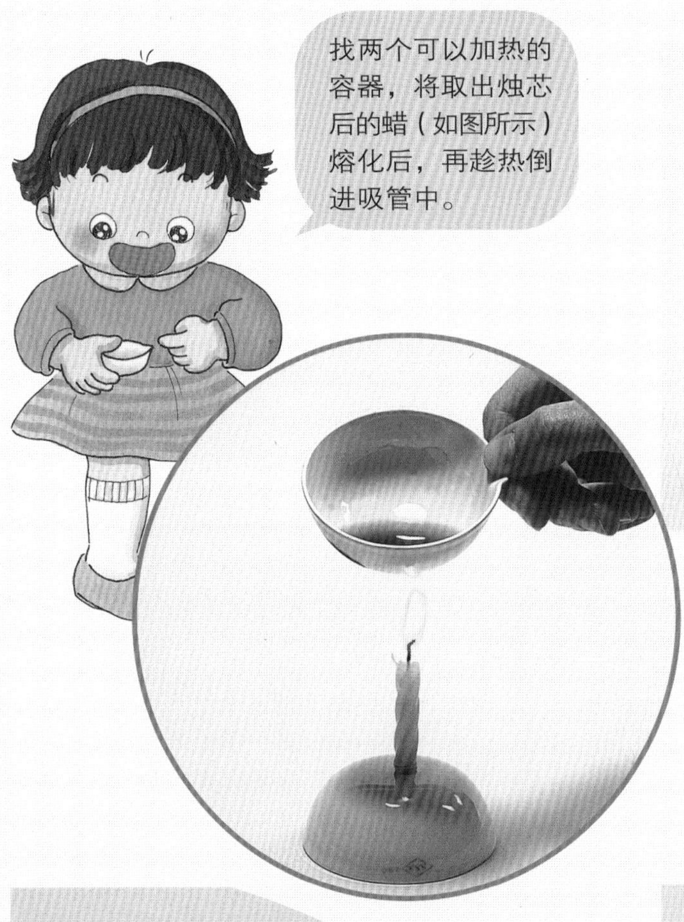

找两个可以加热的
容器，将取出烛芯
后的蜡（如图所示）
熔化后，再趁热倒
进吸管中。

3. 将步骤 1 的蜡分别熔化后，倒入吸管中，让一般蜡烛的芯裹上吹不灭蜡烛的蜡，吹不灭蜡烛的芯裹上一般蜡烛的蜡。

4. 冷却后，剥开吸管并点燃。

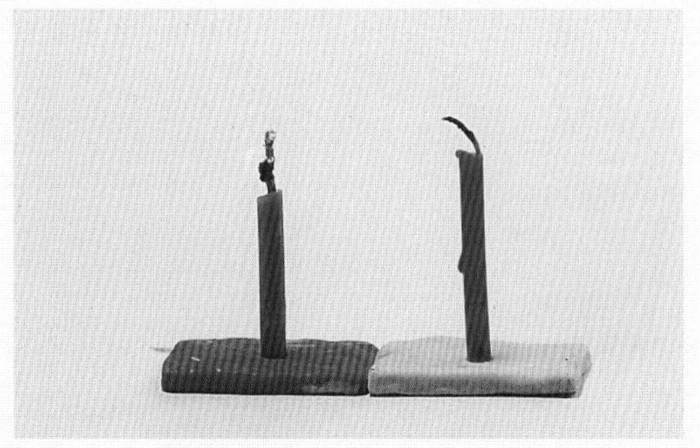

5. 吹灭，观察两支蜡烛燃烧的情形。

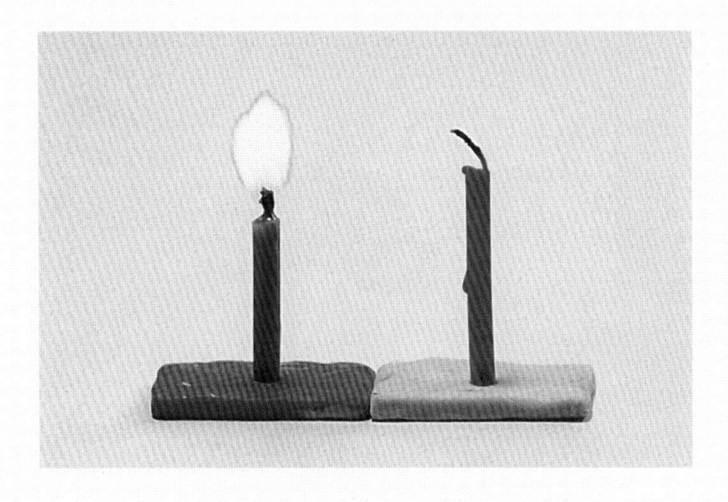

6. 吹不灭蜡烛的烛芯，冒出一点火花之后，又复燃了。

我的观察

在实验一中，我们将一般蜡烛和吹不灭蜡烛的烛芯交换之后，发现蜡烛吹不灭的原因来自烛芯，而不是蜡的部分，并且发现两支蜡烛吹灭后，都有火星和白烟。不久，一般蜡烛的火星没有了，吹不灭蜡烛的烛芯上不断有火星出现，接着又复燃了。

实验二：自制吹不灭的蜡烛

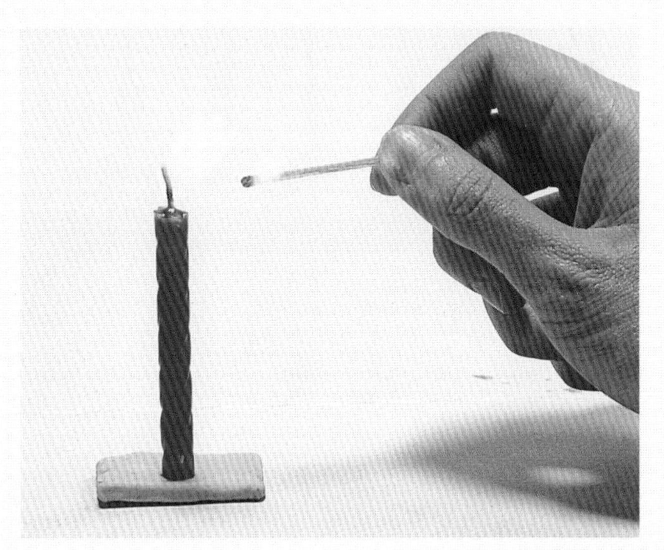

1. 将点燃的火柴接近一般蜡烛的白烟，小心不要接触到烛芯，观察有何现象发生。

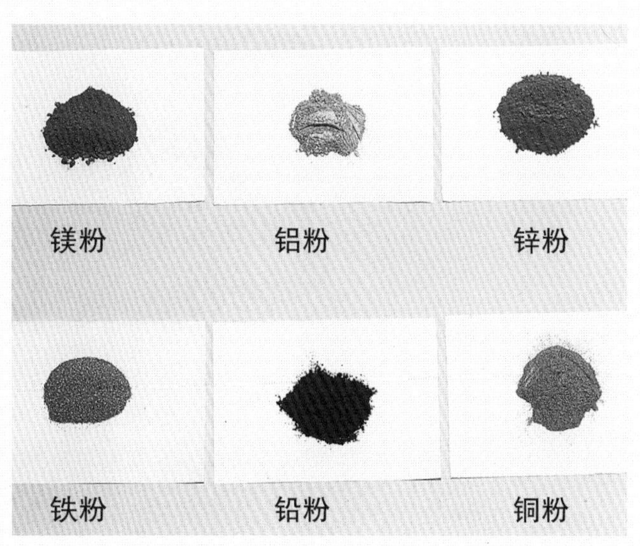

2. 将镁粉、铝粉、锌粉、铁粉、铅粉、铜粉各 10 克倒在白纸上。

3. 将棉线剪成数段，分别在不同的金属粉上来回搓，让金属粉均匀地附着在棉线上。

4. 将熔融的蜡倒入各吸管中，并将附着金属粉的棉线分别插入吸管，冷却后，剥除吸管点燃，吹吹看。

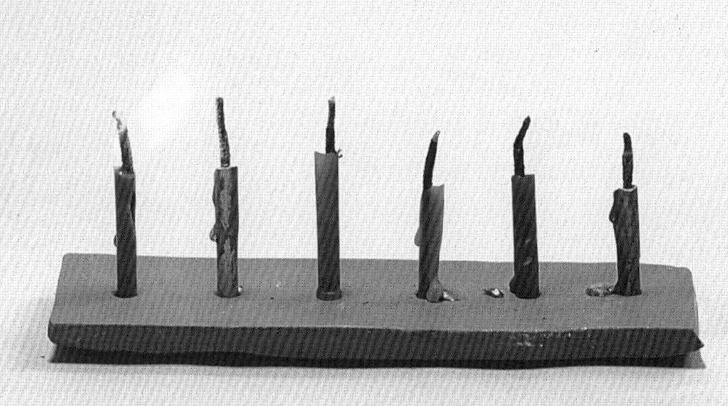

我的观察

实验二中，点燃的火柴一接近一般蜡烛的白烟，蜡烛又会恢复燃烧。而沾上不同金属粉的烛芯，在吹灭后，仅沾有镁粉的烛芯出现火花后又复燃，沾有其他金属粉的烛芯全都灭了。

1. 物质燃烧的三要素是可燃物、助燃物及达到燃点。一般蜡烛吹熄后会冒出白烟，烛芯上的火星很快也没了，因为烛芯的温度未能达到燃点，所以不会复燃。而吹不灭蜡烛的烛芯上可能有某种燃点低的物质，这种物质利用蜡烛熄灭后烛芯的温度就足以冒出火花，使蜡烛恢复燃烧。

2. 吹不灭的蜡烛冒出的火花有银色金属般颜色，与一般蜡烛不一样。根据物质燃烧产生的火焰颜色，我们假设是某种燃点低的金属，使蜡烛吹灭了又复燃。试验了多种金属粉末，发现只有沾镁粉的蜡烛会复燃，由此推断吹不灭蜡烛的烛芯上，一定含有类似镁粉这种低燃点的金属粉，导致它很容易复燃，看起来好像吹不灭。

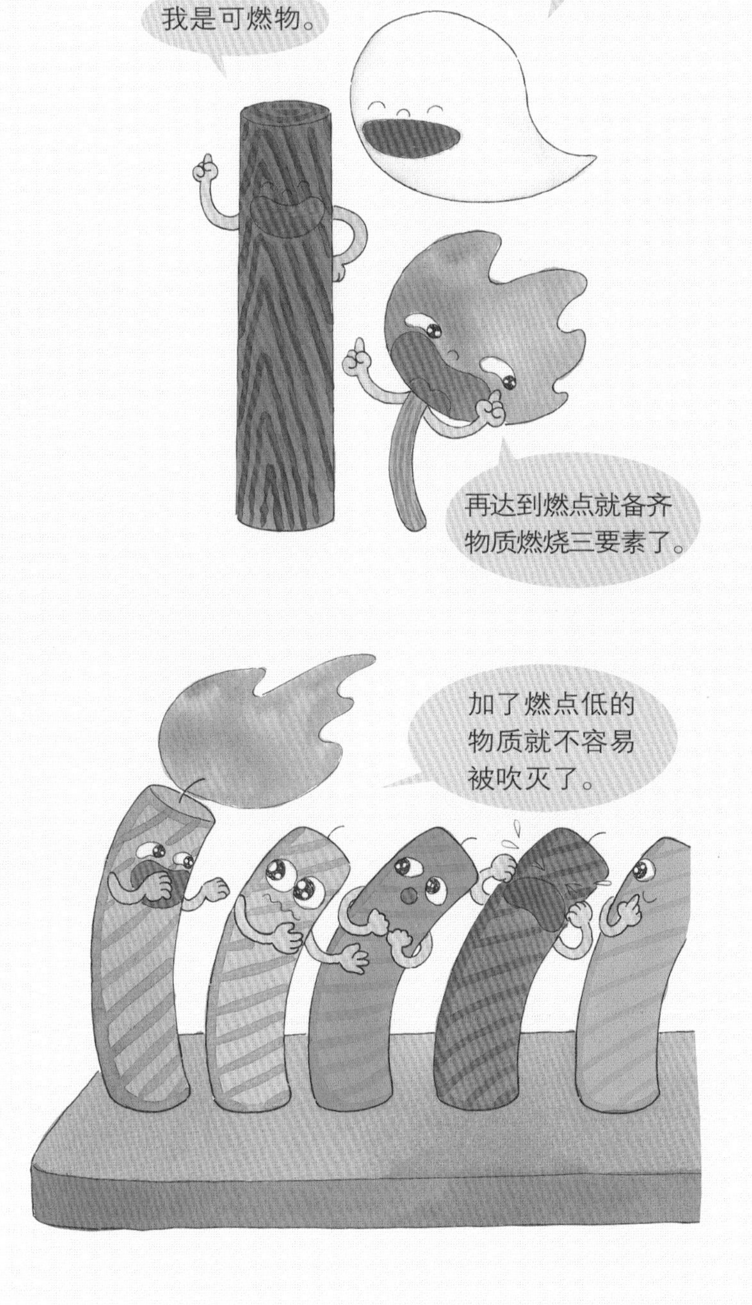

剪剪贴贴迎新春

要过年了，大家都在打扫房间，布置屋子，让家里看起来焕然一新。你是不是也做家务呢？当每个人都大显身手，准备迎接新年的时候，你准备了什么特别的东西呢？

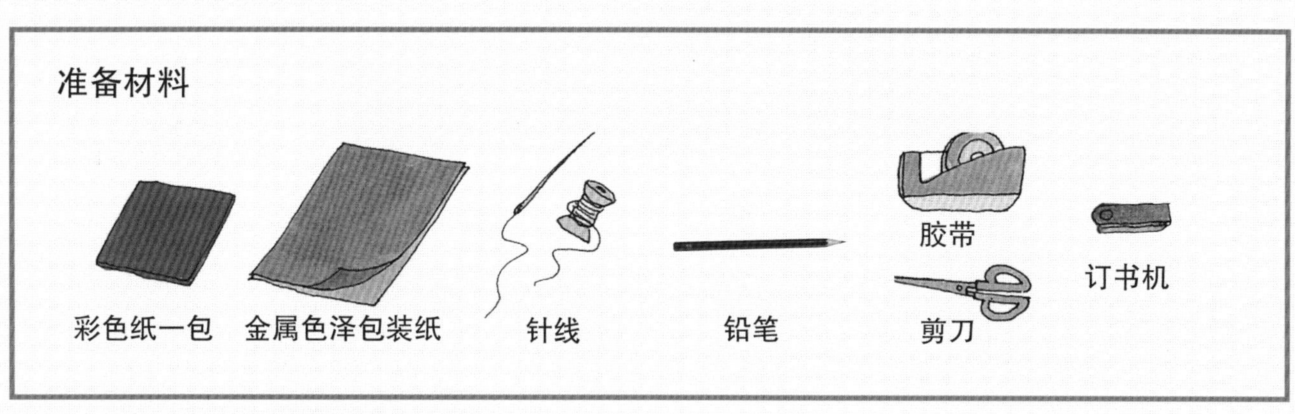

春天来了

1. 拿两张边长15厘米的正方形红纸，沿对角线的方向对折。

2. 把两张红纸的对角线并在一起，用订书机订好。

3. 对折后，在纸上用铅笔描半个“春”字。

4. 把不要的地方剪掉。

5. 小心展开后，在“春”字的上方用针穿条线绑好，挂在门口或窗台上。

仙女棒

1. 拿两张金属色泽的包装纸，一张银色，一张红色，叠在一起后卷成筒状。

2. 用胶带将边缘贴住。

3. 将纸筒的圆周进行若干等分，向中心部分剪去，长度约为整个纸张的三分之一。剪得越细，拉开时会越漂亮。

4. 从中央将纸拉出。

小牛顿科学馆

全新升级版